狸貓的序

這是阿瑪系列的第七本書了(如果加上漫畫那就是八本)，每一年都會透過書來記錄並更新他們的近況，回顧這七年，每年的變化也都非常多，距上一本書明明才相隔一年，我們就又搬家了，而且是搬離我們居住了將近十年的地區（新北汐止），這對我來說是非常大的改變，不只是生活區域的變化，更是一種巨大的心情轉換。

這次的搬家最讓人難受的是，要離開後宮的發源地五堵了（同為汐止區）。其實去年搬家後，我們還持續租了一年五堵的那間樓中樓，一來是當時有拍攝和倉儲的需求，二來是對那個房子尚有一些不捨，因此在當時租金還算負擔得起的情況下，我們不想馬上退租，然而這次，是真的得離開那裡了。

這次的新書書名《等我回家的你》，應該也是許多寵物飼主的共同心聲吧！當我們出遠門、不在家的時候，總擔心他們會不會餓著或是無聊，但實際上大多時間他們都在睡覺或做自己的事，覺得無聊的時間可能也不太長，不過我們仍然會擔心：「他是不是正在等我回家呢？」導致每次只要在外玩樂到太晚回家，就容易心生內疚，我想，這也是養寵物的人「應該」要有的心情，這應該算是一種負責任的態度吧？（自己說自己有很有責任感）

而這次的小標語「有你在的地方就是家」，更是在歷經數次搬家後，我自身的深切感受，原以為這次搬家會非常不習慣，或是想念當時的某個家（雖然那些也不是我們的房子），但沒想到我所操心的，卻始終都是貓咪們。

人一生也許會搬過好幾次家，或同時住進不同的房子，雖然在字面上那些都可稱得上是「家」，但「家」這詞真正的意思，至少就我的理解是⋯⋯有我心心念念的人事物所在的地方，就是我的家！

志銘的序

此時此刻我們正在往台南參加《不想運動運動會台南巡迴店》分享會的高鐵列車上，剛剛出門前還在陪著小花玩耍，幫三腳擦拭嘴邊的口水，確認過大家的飯碗及水盆都是充足，再清一輪貓砂後，才敢放心離開。

雖說是「放心」，但事實上真能完全放心嗎？看著窗外的景色變化，內心應該要很放鬆的我們，幾分鐘前剛上車，一坐下我和狸貓就互相詢問：「啊！剛剛浣腸的門有鎖上嗎？」、「阿瑪跟柚子有分開嗎？」、「有讓柚子小花待在一起嗎？」接著隨即打開監視器察看後宮每個房間的即時畫面，確認大家都安好，才真能稍稍放鬆心情打開這文件繼續編輯。

前幾天有家媒體來後宮進行採訪，詢問到我們每年出的新書，是否會花一整年好幾個月的時間在寫作編輯？我們又都是如何調配自己的時間呢？其實有養貓的人應該都很清楚，貓咪的生活是一直在改變的，隨著時間一年一年過去，我們與他們每日的相處點滴，都會自然而然刻進腦海裡，平時只需要以大綱方式記錄在手機記事本裡，等到年末的這幾個月，我再打開這些標題，就能迅速回想起每個標題底下的完整故事。

一直覺得能夠做這件事的我們是很幸福的，每一年的最後，讓自己的心靜下來，好好回想今年發生的種種，好像就能陪著貓咪們，再多過一次即將要結束的這一年的感覺，我們的時間很有限，能夠以這樣的方式加深記憶的厚度，是多麼幸運美好的事情！當然啦，也謝謝大家每一年的參與，希望我們與貓咪們的故事能持續陪伴著大家，願天下貓咪都能安心吃飽睡暖，家家戶戶貓肥家潤！

CONTENTS

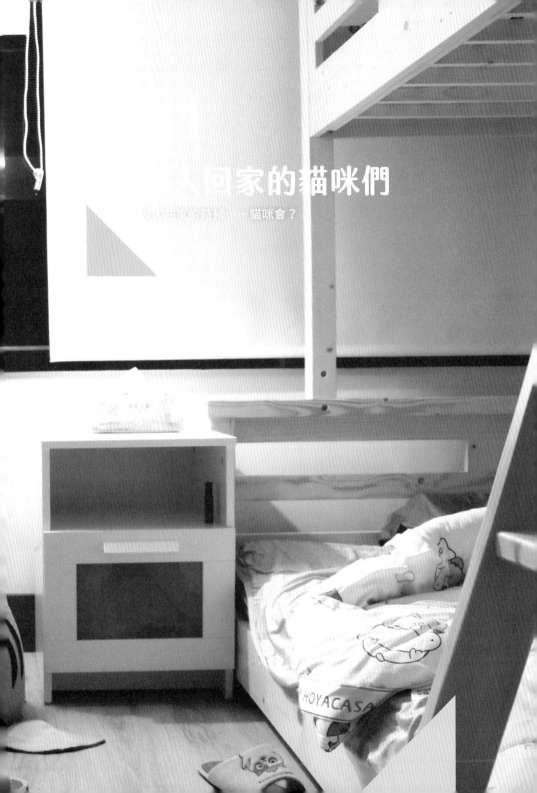

吃爆塑膠！

渴望破壞的阿瑪

2007/01.07 出生，男孩

相較於後宮的其他貓咪，阿瑪算是比較獨立的，雖然偶爾也會有些調皮任性需要人陪，但對他來說，「奴才不在家」這件事應該不至於到「使他產生焦慮」的地步，通常這時候，我們會比較擔心的是：「他是不是有吃飽了？」

阿瑪在有吃飽的狀況下，通常可以一連睡上好幾個小時，直到有人回家才會醒來，這期間內不太會作亂搞破壞，是個名副其實的「昏君」；但如果是沒吃飽又沒人在家的話，他就會是個壞壞的皇上，到處為非作歹，霸道使壞。

阿瑪知道這個時間沒人會來阻止他，所以可能會把紙箱咬碎，尋找各種紙箱上的透明膠帶來吃，再把吃下的膠帶吐出來，然後欺負柚子，在家裡橫衝直撞弄倒各種物品（畢竟他龐大的身軀比較難避開障礙物），諸如此類種種惡行罄竹難書……而他好像也想藉此警告愛出門的我們：「再這樣愛亂跑出門，這個家就要被毀囉！」

因此，為了保護後宮的和平與安全，若是預計要離開家較長的時間，我們就會把糧食備妥、紙箱收好、貓咪隔離好，避免阿瑪因為各種理由作亂，造成不必要的傷害（哭）！

▶ 飢餓的龐大身軀。

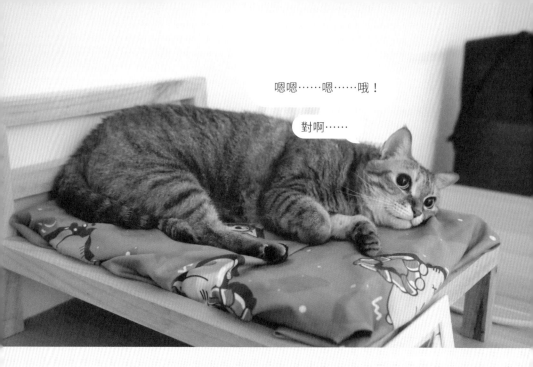

自言自語的招弟

2011/06.01 出生，女孩

如果要看出一隻貓的本性，就要觀察他們獨處的樣子，這裡指的獨處是指人類不在家的狀態。畢竟後宮的貓咪們都已經跟著人類好幾年，他們的生活也越來越受到人類影響，不再像從前在野外流浪時那樣完全做自己了。

家裡的主子究竟是乖貓還是壞貓？通常只要人一離開，馬上就會原形畢露，觀察後宮的眾貓咪，多少都有些人前人後不同的模樣，他們雖然不受人類控制，但是多少能懂得人類的喜惡，譬如阿瑪在我們面前就比較不會明目張膽欺負別的貓，浣腸在我們面前也時常表現出楚楚可憐的模樣。

若真要比較後宮哪隻貓最乖巧的話，招弟應該還是能夠穩穩排進前三名。平常的她總是安安靜靜做自己的事情，舔毛、看風景、睡覺，頂多是不顧 Socles 反對，跑去她的房間（浴室）探險……除此之外，招弟不大會做壞事，不過她也不太會主動找人撒嬌，就算整天都沒有人在家，她也是完全沒差，感覺她像是活在自己的小宇宙裡，真的把我們當作室友，而且是沒有交集的那種，總之對她而言，我們就是可有可無的存在啦！（真令人難過）

不過近幾年來我們發現，隨著招弟年紀漸長，她竟然變得越來越愛講話，尤其是在夜深人靜或是沒人在的時候，很常會對著空氣或是牆壁鳴叫，發出「喵～嗚哇～」「喵哇嗚～」之類的奇怪腔調，每一次透過監視器看到她這個模樣，我們都會立馬關掉監視器，然後深吸一口氣裝作沒事，再默默安慰自己：「招弟只是在發洩情緒啦……絕對不是看到什麼農曆七月才會發生的事情！對吧？對的對的……」

你……還會回家嗎？

讓你內疚的三腳

2007/08.04 出生，女孩

後宮的撒嬌女王，應該非三腳莫屬了。有好幾次，她明明正在臥室睡覺，我們一從各自辦公室移動到客廳開會，她就馬上能聞聲飛奔前來，出現在我們腳邊來回磨蹭，黏人的程度近乎瘋狂。

親人的她，總在我們準備要出門時，用那炙熱的視線緊盯著即將背叛遠離她的我們，一直到關上大門前，都會一直被她用這種水汪汪的大眼睛無辜地望著，那種感覺其實十分難受，三腳好像在說：「你……真的要出門了嗎？真的就要這樣離開我了嗎？你們還會回來嗎？」大概就是這種情緒勒索技能點滿的可憐視角，透過那看起來很哀傷的表情，意圖讓人掉進無法釋懷的愧疚感黑洞。

不過還好的是，每當我們真正離開後，三腳並不會對著門口哀叫，透過監視器畫面可以看到，通常在我們關上門後，她就會默默回到她的睡窩睡覺。或許，三腳不是一定要對我們撒嬌，只是她認為，我們需要她的撒嬌，她才如此目送我們離開，說不定對她而言，我們離開家裡，她才能真正好好休息吧！

話雖這麼說，但每次出門在外，總又會不由自主惦記著三腳，心裡總想著：「得趕快回去陪三腳才行！」於是便加快了回家的步伐，因為我們知道，等會兒門一打開，就可能會看見邊跑邊叫著的三腳，帶著幸福滿溢的笑臉迎面而來。

▶ 默默等待……

有自己宇宙的 Socles

2010/04.20 出生，女孩

經過這幾年來與其他貓咪們的相處，Socles 趁著搬家後的這段適應期，又再次選擇了獨居的生活，偶爾我們會把她帶到與招弟共處的房間，希望她能跟貓咪多多互動，不過至今她都還是習慣獨來獨往，對於外面的世界，始終不大感興趣。

你回家啦？好喔！

除了對貓咪的反感之外，Socles 不吵不鬧，對人類也十分親切友善，沒見到人的時候，她不會大聲哀號，或是吵鬧試圖要呼喚我們，若是有人到她身邊，她也會很開心的討摸，只不過大概撒嬌個幾分鐘，她就會自動回窩裡睡覺，或許這就是她對我們的打招呼方式吧，沒人在的時候，她可能覺得更輕鬆，不必處理這些過多的社交禮儀。

可能是因為目前獨居的狀態，我們有沒有人在家？誰回來了或是誰離開了？對她來說都不算有什麼特別的影響，這點與招弟很像，她們都活在各自的小宇宙，知曉彼此卻又互不干擾。

志銘……志銘呢？

讓你揪心的嚕嚕

2007/07.14 出生，男孩

如果三腳是「撒嬌女王」，那麼嚕嚕就是「撒嬌天王」，嚕嚕的貓生準則裡一定要有「撒嬌」兩個字，見到人就一定要瘋狂靠近、瘋狂磨蹭、瘋狂討摸，瘋狂到失去理智、忘掉自我的那種程度。

為了避免紛爭，嚕嚕目前也是處於獨居的狀態，那間房間是狸貓與志銘的工作間，平時嚕嚕一定會在其中一人的桌上，塞進我們與電腦之間的空隙，每當我們起身準備離開房間，他就會瞪大雙眼，像三腳那樣直愣愣盯著你，彷彿在說：「你不摸我了？你忍心這樣做？」直到我們關上門，他就會立馬離開桌面，我們這才發現，原來他根本不喜歡睡在桌上，沒有人在的時候，他會跑去平常愛的角落睡覺，而且一睡就是好幾個小時，桌面對他而言，只是一個與我們情感交際的心流平台。

不過若是嚕嚕知道我們只是在客廳，他就會大聲哀號要我們進去，好像在說：「你明明在外面，為什麼不進來陪我？」、「外面的貓有我好嗎？」、「你是不是不要我了？」其實也是跟三腳散發出來差不多的氣場，只是三腳屬於悲苦內斂型，而嚕嚕的愛更為直接強硬。

此外，嚕嚕與阿瑪一樣，有愛吃塑膠的壞習慣，所以我們出門前都要特別檢查嚕嚕房內有沒有遺落的塑膠垃圾，但嚕嚕與阿瑪不同的是，他不會亂拆紙箱，所以除非是他吃太快導致嘔吐，否則不論我們出門多久，嚕嚕房大多都不太會有什麼變化！

等我們出門回家後，久未見到人的嚕嚕，通常會先喵喵大叫個幾聲，緊接著就會以迅雷不及掩耳的速度移動到身旁，進行一次又一次確實又熟練的撒嬌動作，好像是要把這幾個小時沒撒嬌到的額度統統補齊，這是一種近乎暴走的討債，很瘋狂也很霸道，屬於不恐怖的恐怖情人類型。

▲ 看到志銘就會心花朵朵開。

等等要先騎娃娃……再去狂奔！

緊張……

敏感易 High 的柚子

2013/09.20 出生，男孩

家裡若是有一位精力旺盛體力爆表的貓咪，跟他玩起逗貓棒，一定會覺得很有成就感，但有時卻也會有一些隱憂，柚子就是一個很好的例子。

近期柚子很愛在夜晚或沒人在時，帶著新入宮的小花（堵堵）到處跑來跑去，互相玩著「你追我跑」的遊戲，他雖不像阿瑪那樣會橫衝直撞的撞倒東西（畢竟柚子身材較不肥胖），但讓人感到困擾的是，他常常一興奮就會無預警噴尿，而且一次只會噴一點點，這種香水式的噴灑揮舞，實在讓人非常難發現與清理，於是為了盡量避免這種狀況發生，我們會盡量在出門前陪他玩個夠，另外再灑一些貓草給他，讓他能多消耗些體力再好好放鬆休息。

另一個問題是，阿瑪有時候會在沒人的時候去騎柚子，雖然看起來不像是欺負，但應該還是算一種主權的宣示，柚子偶爾會想反抗，想要逃離阿瑪的魔爪（肥肚重壓），這時候若是阿瑪一靠近，他就會激動地想逃跑，結果不跑還好，一跑就會開始 High 起來，柚子一 High 就會發生各種憾事（尿）……所以，我們有時候也會在出門前，視當下的狀況，將他們兩位進行隔離。

柚子雖然是個運動健將，但其實他是個心思細膩的青少年，不太敢表露情緒，看見其他貓正在對我們撒嬌，柚子也不一定會跑過來爭，有時他會在一旁默默觀看，等到其他貓離開，他才會靠過來討拍屁屁（他的嗜好）。

像是這種敏感的男孩，遇到事情不太習慣直接表達，總習慣把心情藏在心裡，積壓過大肯定很容易產生一些偏激的行為表現，而其中柚子最讓人不解的行為，應該就是那看似隨性，卻又沒有章法的亂尿攻擊，或許對他來說，這就是要抗議我們長時間不回家，導致沒有人幫他拍屁屁，所實行的完美報復吧！

狸貓你不要再出門好嗎？

非狸貓不可的浣腸

2015/04.12 出生，男孩

最近的浣腸就像是個有控制狂的無尾熊情人（很黏），自從狸貓的抱抱訓練成功之後，浣腸就變得異常黏人，而且特別是針對狸貓，只要一沒看見他，就會對著門外瘋狂喵喵叫，每分鐘大概可以喵個數十次，直到我們精神錯亂，腦中開始產生幻聽，通常這時候浣腸才會開始有點疲累，但他會繼續叫，直到他發現再怎麼叫都沒人會應門，或是認清狸貓真的不在家的事實後，他才肯善罷甘休。

浣腸通常習慣睡在房間的高處，但只要一看見狸貓進房，他就會翻山越嶺前往狸貓的座位，此時狸貓通常會給他一個熱情的擁抱，並在他耳邊說些只有他們自己能聽得見的悄悄話（根本故意放閃），但浣腸抱抱的時限大約是一分鐘，超過一分鐘他就會扭來扭去想下來了，然後再繼續待在離狸貓最近的距離，死盯著他看，或是繼續用身體磨蹭他。

24

因為狸貓的電腦旁有個貓窩，每當他坐下來工作後，浣腸就會選擇睡在離狸貓最近的窩裡，一邊看著狸貓工作，一邊安穩進入夢鄉，直到他驚醒發現狸貓不在座位上，就會再度跑去門口放聲吶喊，即使房間內可能同時有其他小幫手在，他也會視若無睹，只想要唯一摯愛的狸貓回來陪他。

面對浣腸這樣的改變，應該是當初想要對浣腸進行抱抱訓練的狸貓始料未及的發展吧，最近總會聽到他對著浣腸說：「浣腸啊，不是我不愛你，只是我現在真的必須去上個廁所啊！我快尿出來了啊……」

但如果浣腸確定沒人在家時，他其實也會很認分地做自己的事情，只是一旦浣腸發現有人在家卻又不陪他，他就會崩潰的呼喊，直到有人進去陪他時，他又總是露出：「你是誰？你這麼靠近我是想要對我做什麼？」的驚恐表情，只能說……浣腸的愛真的很讓人摸不著頭腦呢！

狸貓不在，我快死了。

有開門聲！是誰呢？

看門的小花

2019/11.01 出生，女孩

才剛滿一歲的小花，已經不再像幾個月前那樣熱情有活力，雖然比起其他貓，她仍然是目前後宮最活潑、年輕的，卻也正逢開始對一切事物慢慢減少好奇心的年紀了，還好有好哥哥柚子，總是領著她在後宮到處玩耍探險，才不至於讓她的好奇心太快消除。

可能是因為有玩伴陪著，所以不管有沒有人在家，對小花而言，好像都沒什麼差別，不過小花很愛盯著門口看，不論是誰回家，打開門常常第一眼見到的貓都會是小花。小花似乎比誰都在意有人回來了，但事實上她也沒有在等誰回來，她只是對於「門打開後面會出現一個人」這件事感到新鮮有趣，但通常看清楚是誰後，她就會轉身離開。仔細想想她這樣的行為，似乎比較像是後宮的守門貓吧！

▌ 還保有一點好奇心的小花。

也許是小時候媽媽教得好，或者是她的天生個性乖巧，小花到目前都還沒有什麼太嚴重的惡習，既不會咬塑膠，也不會亂尿尿，更別說是會跟誰吵架了，就算都沒人在家的時候，她也從不會搞破壞，頂多就只是偶爾會愛亂叫個幾聲，刷刷存在感而已。不過這種話不能說得太滿，未來的生活可是隨時都可能會瞬息萬變的，將來會發生什麼事情，產生什麼改變，是任誰都無法預料的，總之，我們真的很珍惜現在乖巧的小花喔，真希望能一直這樣維持下去啊！（好希望她能聽得懂）

o2 後宮第二次搬家
全新後宮的改變

為什麼再度搬家？

去年的新書《貓咪哪有那麼可愛》裡才記錄了後宮這麼多年來的首次搬家，誰也沒能料想到，短短不到一年的時間，我們就必須再次考慮這件吃力不討好的事。

很多人疑惑，原本的後宮有那一整片綠色窗景，看起來是那麼舒適又悠哉，為什麼我們要離開呢？就如同大家想的，原本以為安頓好了的生活，又有誰會想要放棄呢？

舒服的午後。

我們算是一個住家兼工作室的組合,幾個人類加上八隻貓咪,對於一般的公寓社區而言,並不算是常見的型態,也因為同時是工作室,來往的訪客以及往來的信件包裹,更是超出一般社區的常則,即便當初在租屋簽約前都已經一一與房東確認,但畢竟屋主不是我們,最終我們還是得尊重他們及其他鄰居的想法,既然這個地方不適合我們,也就不必再強求,我們相信總會尋覓到更適合我們的處所。

新家的需求及條件

經過了最初的後宮改造與去年的第一次搬家,對於生活環境的需求,我們也越來越有一套衡量標準,再加上有了上一次「欲速則不達」的悲慘教訓,我們很清楚這次不宜操之過急,必須要投入更多的心力,確認好每個環節及面向後,再謹慎的簽約。

▲ 大多數的貓都喜歡待在客廳。

新家的空間一定要夠大，去年的房子雖然比第一個後宮還大，但實際住了之後，才發覺還是不夠寬廣（實際坪數大約三十多坪），至少就貓咪的行為表現看來，他們彼此間仍然常常處於互相較勁的壓力之下，也時常有占地盤或焦慮之類的緊迫表現，再加上這兩年陸續新增了幾位同事，今年又增入了新成員小花，為了讓人與貓都有更舒適的環境，我們藉著再次搬家的契機，決定直接找個坪數較大的房型，初步期望的空間大小，希望至少能夠有五十坪。

▲ 希望大家都能盡量有獨自的空間。

　　再來，也是這次找房最最困難的一個條件，就是我們希望能在安全及隱私
上能有所保障，因此希望能像以往的後宮一樣，也是社區式管理，一方面
出入有所管制較安全，另一方面收發信件也較方便；但同時矛盾的是，多
半管理越好的社區，因為非常注重住戶隱私安全，所以也通常會更要求住
戶出入盡量單純，所謂的單純就是人一定要少，但我們的人數就是固定這
麼多，綜合起來遇到的困難，其實就跟從前在舊後宮時期的雷同，只不過
這次我們不再魯莽衝動，每一間房子除了確定內裝符合需求之外，我們也
都再三仔細觀察了周邊的環境，以及社區對於住辦模式住戶的友好程度。

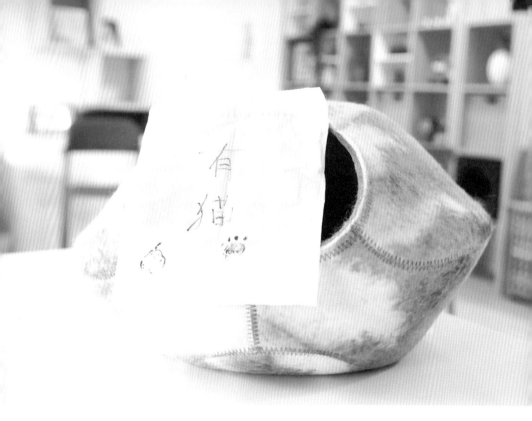

▌ 找不到家的心情就像是如此。

就這樣,從 2019 年十一月開始到隔年一月,這將近三個月的期間,我們先後看了二十幾間房子,從每一次的希望到失望,又從失望再度燃起希望,如此反覆了二十幾次後,皇天才總算不負苦心人,讓我們找到了這個夢寐以求的後宮,也讓我們有了更開闊明亮的視野。

搬家前貓咪的去處

雖然這次的找房，我們花了很多時間耐心地尋找比較，但實際上在簽約之後，一直到正式搬家前，我們擁有的時間卻很短暫。那段日子又正逢過年前後最忙碌的工作檔期，各式各樣的會議審稿，加上去年新書的製作校對，一連串的事情湊在一起，還好當時有精緻搬家公司及家具公司的贊助幫忙，我們才能在馬不停蹄的行程中，稍有喘息的空間。

四小虎二號

四小虎一號

四小虎三號

� 當時的小花還不知道，離別的時刻快要到了。

因為我們的物品實在太多，正式搬家時必須前後分成了兩天才有辦法
完成，再加上當時卡了很多排不開的行程，所以第一天搬家後，又隔
了將近十天，才進行第二天的搬家，而在兩次搬家日間的這幾天，貓
咪們被分組待在不一樣的兩個空間。

好累……

希望有我自己的房間。

搬家的第一天，主要是把許多牆上的貓走道層板拆卸下來，另外還有部分大型家具，也都安排在這天運送，因為考量到這天施工聲響會較大，所以把所有貓咪（當時共 11 隻）都先運送到志銘當時的舊家租屋處，當時志銘已經先行搬家到新後宮的附近住處，所以舊租屋處已空無一物，正好能夠當作貓咪們的短期轉運站。

這是志銘私藏其他貓咪的家嗎？

貓咪們剛抵達志銘家時，畢竟是一起到了一個新環境，瞬間有一種共
患難的相惜之情，突然大家就都變成了好朋友了……不過這段甜蜜期
十分短暫，才不一會兒的光景，他們就都想起來彼此是誰了，於是當
天舊後宮的拆卸工程結束後，我們把嚕嚕、Socles 及四小虎留在志銘
家，而其餘的幾隻貓就回到半空的舊後宮，等待第二次的搬家。而在
這將近十天的日子裡，我們也分成了兩路人馬，有些人在舊後宮，有
些人在志銘家，大家一起陪著貓咪們，度過這段對未來充滿好奇又未
知的過度期。

外面有小鳥欸！

妳是招弟對吧？

妳猜猜啊！

好像戶外教學喔！

45

四小虎，由左至右依序為小花、二號、三號、一號。

最後與四小虎的相處時光

搬家前的最後時光，之所以讓嚕嚕、Socles 與四小虎留在志銘家，
主要是因為他們在整個後宮裡的地位較低，趁這機會可以讓他們換換
新環境，或許可以轉換個心情快活一些，而且在志銘家不會聞到舊後
宮裡柚子或浣腸到處噴灑的殘餘尿味，心情上應該也更能放鬆許多，
再加上回到舊家可能又得面臨「舊家好像有點不一樣了」的不適應
感，與其一直反覆適應新環境，倒不如就讓他們好好在這裡與四小虎
度過「可能可以暫時當老大」的悠哉時光。

▶ 親人的四小虎無時無刻都想黏著人。

四小虎最後一次一起在後宮二號吃飯。

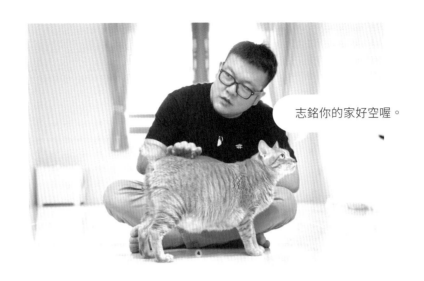

志銘你的家好空喔。

結果就如我們原本所猜測,在志銘家的這個組合,大家各自相安無事過得很好,雖然嚕嚕、Socles 也不至於到可以當老大的地步,但至少沒有貓會想找他們麻煩,四小虎多數時間都沒在理他們兩位,他們自成一群,總是自己就玩得很嗨,嚕嚕與 Socles 自然就能像是空氣般自由自在。

在這裡我是老大!

▼ 後宮二號當時最多貓口數曾高達十一隻貓。

在這段日子裡，我們常常望著四小虎們的激烈玩耍，再轉頭欣賞大貓們的安定自若，好像是在看一部傳記電影裡意氣風發與年華退去的縮寫過程，每次只要想到四小虎的每個年輕的步伐，就更覺得大家要好好珍惜這些小貓的童年歲月，他們的幼貓時期就只有短短的這一年，對我們而言，一年的時間馬上就過去了，但這卻是他們僅有的、最活力充沛的、過了就不會再回來的燦爛時光。

▲ 四小虎二號後來被命名為「豆豆魚」。

▼ 三號叫「阿呆」，一號叫「大少爺」。

這麼空的後宮，
好淒涼……

搬走部分家具，
拆除貓跳板後的後宮二號。

半空的舊後宮

等待最終搬家的日子裡，另一群待在舊後宮的組合是阿瑪、招弟、三腳、柚子與浣腸，可能因為少了四小虎的吵鬧，再加上許多大型家具都已經先搬到新家，這裡的氛圍顯得格外靜謐。

招弟剛回到這個變化很多的舊後宮時，一口氣連續講了好多話，好像是在針對環境的改變發表自我意見，雖然過沒多久就適應，並且睡在往常熟悉的角落，但自此以後，招弟好像就變得更愛說話了！

好空的房，窮途潦倒啊？

慘了，我們要餓死了！

至於阿瑪與三腳，不愧同時身兼後宮三大元老（阿瑪、招弟、三腳）及後宮老年組（阿瑪、三腳、嚕嚕）成員，他們適應環境的時間非常迅速，馬上就能適應空間的變化與家具減半的差異，從他們的行為看來，外界的環境縱使改變，對他們造成的影響也不太大。阿瑪快速且默默巡視完每個角落，就如往常的躺在熟悉的椅子上吃貓草，三腳則是一樣愛待在臥室裡的那張大床上呼呼大睡。

是變賣家具還債嗎⋯⋯？

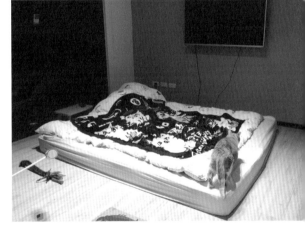

臥室床架也搬走，
只留下一張床墊。

變化較多的反而是年輕的柚子與浣腸，相較於先前十一隻貓同處一室的時期，他們在這段較少貓的期間裡，反而特別常亂尿尿，這是比較出乎我們意料的發展。一般來說，貓口數越多，爭地盤的情況才會越明顯，但這幾天不一樣的是，雖然在這裡此時只有五隻貓，卻包含了柚子、浣腸、與阿瑪，原本在舊後宮裡就愛占地盤的四隻公貓們，此刻就有三隻待在這個空間，空間雖然變大了，卻到處都飄散著從前所有公貓一起相互標記的混雜氣味，也許是因為這樣，這些公貓趁著這段貓口數變少、空間卻變大的契機，決定好好補噴尿以鞏固好自己的地位。

而這時候的我們也完全不覺得困擾，畢竟重要家具都已經搬走，再加上等到完成搬家後，這整間房子都會重新打掃、粉刷，並恢復原狀，現階段的每次貓咪亂尿尿，都將會成過往雲煙，不會留下任何痕跡，而我們只需要心平氣和來面對這一切，再用最樂觀正面的態度，迎接即將到來的全新生活。

十一隻貓的大搬家

這邊是新後宮的客廳，一樣裝設了環繞式貓階梯。

到了真正要搬家的這天，白天處理完所有家具、硬體的擺設布置，並完成清潔打掃後，晚上才帶著所有貓咪一起從舊家前往新家。沿途上十一隻貓你一言我一句的，每隻貓好像都有發表不完的意見與情緒，當然，裡頭聽起來也包含了不少的不雅髒話，每一句都感受得到滿滿的不耐煩與抱怨，面對不常出門舟車勞頓的他們，我們也是可以理解的。

這間是設計室，後來變成浣腸的據點。

雖然如此，大夥兒到了新後宮，總還是要有一些先後的出場順序，才不會讓場面變得太過混亂，而順序的決定依據，我們原先是打算依照地位來排定，地位越低的越早出籠探索新家，這是我們一直以來搬家的傳統（明明也才兩次），但後來才發現，根本沒辦法單單只考慮到地位高低，還有其他變因可能會左右我們的決定。

找到洞洞箱了

第一位出場的是 Socles，喜歡隱蔽獨立空間的她，一向能夠率先出場尋找自己喜歡的棲息地，她一出籠子就很緊張跑到沙發底下，過沒多久找到了客廳釘在牆上的浣腸箱（從第一個後宮移過來的），可能 Socles 覺得那個位置最符合隱密、好觀察別貓的需求，於是就決定在那邊住了下來；緊接著出場的是四小虎，因為被關著的他們實在太吵，又想到他們可能也無法待太久了，就先放他們出來晃晃參觀一下（像是校外教學的概念），一放出來就完全像是一群喪屍四處亂竄，毫無章法的到處奔跑衝撞。

好大的房間啊……

好像很久沒找嚕嚕麻煩了！

▼ 這邊是志銘跟狸貓的辦公室，也是嚕嚕的房間。

接下來是嚕嚕，同樣身為後宮地位底層的他，一出籠就跑到設計室，可能是因為那個環境與從前的設計室有許多共同點，在那裡他可以得到比較多的安全感。緊接在後的是三腳，一出籠就奔向客廳櫃子旁的貓抓板區抓抓放鬆、活動筋骨。

其實每一次搬家，三腳都會先找到貓抓板區域，感覺是一種滿緊張的表現，因為對新環境感到有些不安，所以透過抓抓來自我紓壓，同時也是在安慰自己別太緊張，不過還好這過程通常不會持續太久，三腳總是很快就能恢復往常般悠哉，再隨意走走看看之後，就直接會原地倒下休息。

至於阿瑪與招弟，他們是一起出籠的，本來是打算先只放招弟出來的，沒想到正要打開招弟籠子時，阿瑪的籠子竟突然倒地，再加上阿瑪從一上車開始就霹靂無敵吵，我們才想說不然就讓他們一起出來吧，不然鄰居真的要抗議了！果然，他們出來之後，整個空間音量瞬間降到最低，招弟好奇地在客廳到處閒晃，阿瑪則是先到設計室巡視一遍就出來客廳上廁所；印象中阿瑪到新環境（先前的改造與第一次搬家）好像常常都會先上廁所，不知道這跟他強勢的霸道性格有沒有什麼關聯？是否就是因為他老是能夠洞燭先機，搶先在大家都還在摸索時，就先做各式各樣的占領行為，才能讓他的帝王之位如此屹立不搖的呢！

這裡階梯好多，
搞得朕好累。

這裡是？

這裡挺大
的嘛。

狸貓座位旁，依然放了
許多貓窩。

65

在客廳持續探索的柚子。

最後輪到柚子與浣腸，其實他們並不是地位最高的，只不過他們很安靜（尤其是跟上一組相比），所以就不知不覺被留到最後了⋯⋯柚子出籠後先往較遠的狸銘室走去，再到設計室巡視一圈，整個過程都維持著高度好奇心的探索，適應環境的能力也算是很強；至於浣腸出籠後，則是先待在客廳，雖然看起來有些緊張，但卻一直想往高處前進，可能跟 Socles 一樣，想要尋找一個他能看見別人，但別人卻找不到他的藏身之處吧。

大家怎麼都在這……？

這間後來是人類們的
臥室。

這床滿好躺的。

阿瑪和三腳很
常賴在臥室。

雖然大家剛到新環境，每隻貓都會表現出較緊張的一面，但在這過
程中，卻也更能看出每隻貓咪內在的性格與遇到挑戰時的危機處理
方式，後來雖然大家的棲息地幾乎都改變了，但能留下來這段最原
始的紀錄，日後應該也會覺得更顯珍貴吧！

好像有什麼
事要發生了？

小花與兄弟們的離別

天下沒有不散的筵席，其實早在我們剛帶回四小虎的那天起，就知道離別的這天遲早會到來，起初把他們接回來中途，無非是想讓他們多一點活下來的機會與可能，在這過程中雖然有點辛苦，卻也讓我們得到了難以忘懷的幸福感，這幸福感除了因為他們的可愛之外，更多的是能夠照顧著另一個生命的成就感。

▼ 二號豆豆魚

▼ 一號大少爺，三號阿呆。

◤ 小花與其他小虎（一二三號）。

送養四小虎的過程延宕了好幾個月，除了因為不捨與擔心之外，更多的是單純不想分開的心情，看著他們從原本巴掌大的身體，一隻隻都長到快比後宮貓咪還巨大的身材，每一次看他們窩在自己的腿上撒嬌時，就會在心底聽見有惡魔在慫恿著「把他們留下來」的聲音。不過，縱使有再多的情感，已經養貓那麼多年的我們深深知道，若是真的為他們好，就更應該讓他們離開，才能找尋到真正屬於他們的幸福。

好臭！

再見啊……

搬家完成的當天晚上，四小虎與其餘大貓一同探索新家後，便是要正式離別的時刻，一號三號一起到一位新奴才家，二號則是獨自到另一位奴才家當小霸王。

三小虎要離去前，小花剛好跟著他們走到門口，那畫面看起來就像是在為他們做最後的送行，當下每個人的心裡都滿滿的不捨，唯獨三小虎們當下還不知道他們即將前往何處，而小花可能也以為她的兄弟們等等就會回來了……懷抱著這樣的情緒，我們終於真正與一號、二號、三號道別。

原以為感傷的情緒會持續很久，但誰知道門一關，小花就像是什麼事都沒發生過似的，馬上悠哉的跑到沙發上睡覺；而且聽說三小虎各自回家後，也很快就融入了新居生活，與新奴才之間的情感，更是迅速淹沒了與我們的所有回憶了。

總之，其實離別也沒那麼感傷啦，看著他們都能好好的開心生活，才是我們最衷心盼望的回報，你們……都要健康平安長大喔！

小花的加入與命名

自從帶回四小虎的那一天起，我們就一直有想收留小花的念頭，最主要的原因有兩個，首先是因為四小虎中只有她是小女孩，後宮的公貓已經飽和，真的不能再有新的公貓成員了，所以只有小花符合入宮條件。

只收女生，不愧是後宮！

你們是不是
有收集癖？

其二是因為花色，三花貓一直是我們夢寐以求的花色之一。從前我們
在第一個舊後宮遇到的街貓小花，曾與我們有過一段很深厚的回憶，
自從那位小花意外離世後，我們便常常會在路上特別注意三花貓，生
活中也常常會對於三花貓的相關事物產生好感。

總覺得是冥冥之中的安排，四小虎湊巧在街貓小花當年的棲息地誕生，而狸貓最初在地下室遇見四小虎時，當時出聲呼喚的也正好就是小花，種種巧合再加上小花本身個性的可愛，讓我們決定破例留她下來，成為後宮的新成員。

需要幫你舔
屁屁嗎？

▶ 愛跟著柚子的小花。

正式進入後宮的小花，因為年紀小又是女生，與眾貓相處起來，大致都算順利，既不會像公貓們那樣互爭地盤、你爭我奪，也不會像有些成年母貓那樣對公貓們懷有不佳的刻板印象，有時候甚至因為他們的生活實在太過自在，讓我們都快忘了小花其實是後宮的新成員，以至於遲遲尚未正式為她命名。

■ 特別為小花設計的命名遊戲。

我的名字竟然是用
遊戲決定？！

命名的當天，我們列出了幾十個名字當作候選，最後再由小花以走迷宮的遊戲方式，決定自己的名字。經過了幾個回合，最終是「堵堵」這個名字雀屏中選，雖然一開始覺得很意外，甚至有些人覺得聽起來怪怪的，但事後仔細想想，當時在眾多名單中特別列了「堵堵」這個名字，也並非毫無來由。

四小虎與我們最初的相遇地點就是在新北市的五堵，雖然「小花」聽起來很可愛，不過「堵堵」的紀念意義卻遠勝了一切，若不是在這個地方，我們也不可能與四小虎見面，更別說是讓她進入後宮了。

最後我們決定兩個名字都採用，中文名字就叫做「小花」，英文則是「Dudu」，但願這兩個名字可以陪伴著她，讓她永遠可愛又永遠幸運。

新家的配置與初期的各區占領霸主

我們已經搬到新家將近一年的時間，這段期間裡，大家的棲息地陸續都有了一些改變，目前主要可以分為兩大類：第一種是「固定居所」型，像是嚕嚕、浣腸、Socles 與招弟；另一種則是「隨心情飄流」型，看他們想到哪就會去哪，也可以說是「本大爺（娘）想去哪你們就得幫我開門」型啦！

固定居所組比較偏向是隔離的狀況，嚕嚕與浣腸目前比較不能放心讓他們隨意出入，除了每日固定的放風時間外，他們大多是待在自己所屬的房間，嚕嚕待在我們（志銘與狸貓）的那間辦公室，浣腸則是待在設計室。

這間是我和志銘的房間。

這間是我和狸貓的房間！

我房間超安靜！

我房間很大
也很安靜……

比較特別的是招弟與 Socles，雖然她們也算是固定居所，兩貓目前都喜歡在大辦公室裡，甚至 Socles 只喜歡待在裡面的浴室，但這完全是她們各自的的喜好與選擇，可沒有人限制她們呢！

隨心情飄流組主要是三腳、小花、柚子與阿瑪。其中小花、柚子與阿瑪的狀況很像，都是屬於會到處踩點的類型，常常感覺得到他們行程滿檔，有時候甚至會一直進進出出的，實在讓人搞不太清楚，他們到底在忙些什麼。

這間是大辦公室，也是招弟最愛的房間，後面那扇門打開是 Socles 房。

雖然說是隨心情飄流，但阿瑪及柚子其實各自都有一些禁區無法進入，像是阿瑪不能進入浣腸房與 Socles 房，而柚子則是不能進入 Socles 房，除此之外，其餘的地方只要他們想要，站在門口輕鬆叫一下，就會有人幫他們開門，可以說是非常尊貴的頂級服務。

至於小花，她多半時間都是跟著柚子來來去去，偶爾會在設計室或是臥室上舖睡覺，不過通常一醒來就會想找柚子玩；三腳則是比較常會待在客廳或是臥室，除此之外的區域，她目前都沒什麼興趣。

呼嚕……呼嚕……

以上就是目前貓咪們在新後宮的棲息分布狀態，未來會不會變呢？這一切都還很難說，但是至少我們相信，在居家空間裡做出越多布置上的變化，就能讓他們有更多生活的選擇，這點在多貓家庭裡是非常重要且必須的喔！

o3 暗潮洶湧的後宮內鬥

後宮可不是個簡單的地方

不用隔離，
全都是朕的地盤！

打造一個沒有隔離的全開放空間

／ 林子軒醫師的貓咪行為門診

熟悉後宮的人都知道，貓咪亂尿尿一直以來都讓我們很困擾，面對他們亂尿尿的原因，我們努力尋找解決方法，也一直試著從他們的行為來解讀他們的內心，但多半都只能像是獸醫師根據病徵給予藥物治療，卻無法真正理解他們的想法，就像是生病了卻沒有做全面的健康檢查一樣，不只無法找出病因，更無法給予正確有效的治療。

特地幫他們做的貓櫃，
但後來沒什麼貓玩……

多貓家庭裡的行為問題，就好像是把來自四面八方、不同背景的學生，全部塞進同一個班級裡，面對不同個性的每隻貓，我們也只能透過與他們的長年相處，慢慢、漸進式增加對他們的理解與調整，就好像是一個新手爸媽突然收養了八個孩子，難免覺得慌亂無助，而這時如果有個育兒專家能從旁協助，那可能就會變得順利一些。

你們慢慢吵，
不關我的事。

於是在這次搬家前，我們特地向動物行為醫師林子軒醫師求助，期望能
從他豐富的經驗裡，獲得更多育兒（貓）祕笈。第一次看診時，醫師與
我們面談了將近三個小時，除了要我們詳細介紹每隻貓咪的生長背景，
也一一說明了我們面臨的困境，面談中林醫師提供了很多經驗與建議，
剛好趁著搬新家的機會，一併做了許多改變，後續篇章也將會陸續補充
說明。

我盡量不吵架了。

哼……嚕嚕！

柚子的野心 / 想當老大的欲望

多年前柚子剛入宮時，年紀輕輕的他就懂得選邊站，當時阿瑪與嚕嚕完全對立，總是處於水火不容的警戒狀態，明明與二貓都不曾有過節的柚子，卻在當時果斷選擇加入阿瑪陣營，可見柚子在很小的時候，就有看貓臉色的本事，對於幫派體系的選擇判斷，也是十分有遠見的。

押對寶之後的日子，可以說是平步青雲，外表可愛、背後有靠山，再加上很會看臉色的他，迅速且同時擄獲了人與貓的歡心，於是柚子成為了後宮人氣王，當時就連 Socles 也不太討厭他，因為對大家而言，那時的他就只是隻單純無害的小帥貓吧！

經過幾年之後，柚子經歷了青春期的叛逆，也開始學會唱反調，在貓生道路上，他靠著機靈的腦袋與靈敏的觀察力，理所當然學習了更多的事情，公貓賀爾蒙作祟的他，更是難以避免地開始對自己的地位感到不滿足，這點從他越來越頻繁的噴尿行為就可以看出。

我是王！
叫我老大！

爭搶地位的表現，在上一個後宮末期達到了巔峰，那時候幾乎天天都能見到柚子胡亂噴尿的動作，而我們也越來越呈現放棄的狀態，但這樣消極的應對，反而使狀況越來越糟，曾經最嚴重的時期，連阿瑪都深感威脅，常常表現出一種準備要退位的跡象，變得總是待在臥室，整日不願出房門。

　一直到搬家後，我們聽從醫師的建議，只要柚子一噴尿，就一定要找到來源並且清除乾淨；除此之外也盡量讓他能夠隨心所願去任何房間（除了 Socles 棲息地），以減少他因為被禁止進入反而會更想以激烈手段標記（噴尿就是一種又快又最有效的標記方式）的可能。

這樣的計策似乎滿有用的，柚子噴尿的行為在搬家後改善了很多，一方面可能是因為新後宮的空間又更大了，但也可能是因為我們到現在才真正學會正確清理貓尿的方式，不論如何，近期柚子的轉變著實讓人感到欣慰，能夠在家裡呼吸到新鮮的空氣，真的是很棒的一件事呢！

浣腸的進擊 / 健身成果發表

剛搬到新家後沒幾天，我們就發現阿瑪的身體有點異狀，側腹部出現不明的傷口，起初只是一個小小的腫塊，後來變得越來越大，到最後甚至化膿……還好經過醫師的處理並檢查，確定只是因為傷口造成的細菌感染，並無大礙。

哼！

因為搬家後還不曾見過阿瑪與誰激烈戰鬥過，所以一直想不出來兇手是誰，但仔細回想發生的時間點，才發現這事件應該要追溯至搬家前。

當時阿瑪與浣腸見面的機會很多，雖然很多時候浣腸都待在舊後宮的設計室裡，但以前設計室有一扇透明門，這兩位死對頭時常對著那扇門互相叫囂，以至於只要一有機會碰面，戰火便會一觸即發。平常互嗆越久，積怨也就越深，面對緊要關頭需要出擊的時刻，下手可能就又更重了些。

雖然他們打架的模樣，看起來沒什麼武術技巧可言，但實際上在我們看不到的角度，卻又藏著許多細節。阿瑪身軀龐大，壓在浣腸身上看起來好像很嚇人（事實上阿瑪壓在誰身上看起來都滿嚇人的），但其實阿瑪就只是笨重的壓著，並不太會造成什麼傷害。

但浣腸可不同，外表看似瘦弱的他，其實全身上下都布滿了肌肉（不確定他是不是有為了戰鬥而私下努力訓練啦），所以面對龐然大物拔山倒樹而來時，一瞬間爆發的腎上腺素，再搭配收放自如的指甲與強而有力的咀嚼肌咬合功力，就可能會造成完美的突擊，使另一方確實受到傷害。

哼，只是個小腫塊而已，不要緊的！

他也有揍我喔，
只是被我躲過了！

阿瑪大概就是在這樣的狀況下受傷了，直到我們搬家後，觸摸到因發炎而起的腫塊才發現，這個傷口與之前嚕嚕的傷口很像，推測都是與浣腸對戰後的紀念品。

其實貓咪之間的爭吵很難論斷誰對誰錯，浣腸只是在這兩次的戰鬥中取得了勝利，我們該做的也不是責怪浣腸或是安慰阿瑪，畢竟事過境遷，他們彼此應該也忘了自己曾經做過什麼了，我們能做的就是讓他們不要再打架，而最快速且有效的方式，就是讓他們完全隔離。

好想打開門……

我們的新後宮捨棄了看起來很美的透明門，當初原本是想透過這個門，方便我們觀察裡外的貓咪，沒想過反而會使原本有過節的貓變得更不和睦。現在的浣腸很少再見到阿瑪或嚕嚕，久未見面的仇貓就算偶爾不小心再次見面，也多半處於「疑？他怎麼在這？」的驚訝中，來不及做出反應，等到回過神後，雙方就已經再度被分開，彷彿剛剛只不過是各自作了一場夢罷了。

這裡沒有阿瑪的
味道,很好!

可能有人會問,難道要這樣永久隔離了嗎?其實我們也還無法確定,但貓
與貓之間的關係,一直以來都是不斷變化的,幾年前的我們也難以想像,
阿瑪嚕嚕竟然能像如今這般相安無事,所以現在我們也會適時讓浣腸與他
們短時間相處看看,再透過長期觀察進行調整,盡量給他們安心舒適的環
境,或許未來有一天,這幾位公貓也能放下仇恨,真正的和平相處。

這個東西放在這，
一定會被尿……

招弟的選擇 / 發現人類的可用之處

自從招弟學會貓語之後（詳情請參閱《貓咪哪有那麼可愛》），她的個性就有了很大的變化，從前的她總是默默忍受一切，凡事都以別人別貓為主，如今懂得表達意見之後，面對很多事情，好像就變得更有自己的主見，不再只是永遠配合別人的小花瓶。

招弟這樣的改變，乍聽起來是個很正面的成長，但其實她可能也面臨了一些矛盾的選擇。因為開始有了自己的想法，面對過去的自己，以及別人（貓）眼中的自己，便會產生許多衝突。

109

你是想要摸我嗎？

幾年前，招弟只要見到有人想摸她，就會嫌棄般試圖閃躲，這與她從小觀察到大的阿瑪個性有關。招弟從小就跟著阿瑪，阿瑪對人的態度也就很直接地影響到她，從前阿瑪不太依賴人，招弟因此也養成了獨立的個性，直到現在年紀漸長後，才開始時不時感受到「原來被奴才摸也滿舒服的啊！」的感受，不過有時候摸她一陣子後，她又會突然像是意識到「疑？我怎麼在這？我怎麼會在這討摸？」而表現困惑的態度，實在讓人理不清頭緒。

另外，從前在舊後宮時期，招弟喜歡待在客廳，因為那裡無拘無束、自由自在，而且最重要的是阿瑪、三腳等元老級成員時常都待在客廳，「反正自己也沒特別想去哪，那不然就跟著別的貓好了！」

這房間真是前所未見的大啊！

直到最近，招弟似乎是自己決定了大辦公室的這個棲息地，這真是出乎我們的意料，因為這完全是她自己的選擇，不是跟隨著哪隻貓移動，或者是被誰所逼。

也許對招弟來說，從前因為對貓咪的信任遠勝過於人，所以跟著別隻貓咪，能夠讓她比較安心，而對於人類的撫摸，就一直覺得彆扭或是沒有必要；但現在的她，已經親自體會過被按摩的舒服，況且自從懂得貓語之後，她也多次感受到人類的「可以溝通」與「能夠教化」，因此漸漸覺得待在人類身旁，好像也滿有安全感的，至少在現在這個空間裡，阿瑪不會再明目張膽來強占她的睡窩了吧！

柚子葛格叫我跟他來這裡睡覺。

柚子與小花 / 情竇初開的少女與渣男的戀愛實錄

後宮裡大貓小貓的相處模式，一直都很耐人尋味，從前阿瑪擔任招弟、柚子的生活導師，後來柚子也先後負責照顧浣腸與小花，不論是什麼時期，當有年幼的小貓新加入時，總會有貓咪自動化身為小貓的生活導師。

幾年前浣腸剛入宮時，柚子以興奮又期待的心情迎接，後來兩貓的相處一直很緊密，直到浣腸開始不再陪著柚子賞窗外的鳥，開始有了更多想過的生活之後，柚子便又恢復他獨來獨往的樣子了。

球球，來跟我玩！

小花的加入就像是當年浣腸入宮的翻版，但與當時不同的是，現在的柚子成熟許多，不再像當年那樣整天活潑好動，隨時像是充電過頭的玩具，每分每秒都等著被放電了。現在很常看到的情況是，有時候小花很想玩，柚子卻興趣缺缺，但不知是不是因為對於小貓的容忍度極佳的緣故，柚子還是會勉為其難的陪著她遊戲，有點像以前阿瑪照顧柚子時的樣子，只不過不像阿瑪當時那樣充滿不耐煩。

以前浣腸之所以跟著柚子，很重要的一個理由是，除了柚子之外，他沒有其他貓咪朋友，而且他也沒有其他例行公事可以做；但小花不太一樣，她雖然也沒太多其他貓咪朋友，但那是因為她與其他貓咪的年紀落差，造成了一些代溝，並非是因為她與誰交惡而互不往來。

難得跟招弟姊姊一起吃飯！

▶ 小花剛起床正在放空。

另外，比起以前柚子浣腸的形影不離，現在的小花黏著柚子，則更多了一些談情說愛的表現。小花平時對周遭的每件事物都感到新鮮，常常一顆毛球就能自己玩好久，但是總玩到一半，才突然想起「咦！柚子葛格跑去哪裡了？」然後開始四處尋找柚子的蹤影，她同樣也喜歡與柚子窩在一起睡覺，如果醒來找不到柚子，也同樣會慌張不安。

可以不要偷拍
我們睡覺嗎？

116

嘿～嘿～

以前小花還沒出現時，柚子的玩伴不外乎就是浣腸與招弟，而我們最害怕的就是他們與柚子玩得太嗨，因為每次柚子只要一興奮過頭，就會到處噴尿；但不知為何，柚子與小花的玩耍，卻始終不曾有這樣的狀況，他們還是可以玩得很激動，但每到緊要關頭，我以為下一秒柚子就要噴尿時，他就會自動冷靜下來，然後與小花靠在一塊兒休息。

或許小花的存在，就是一種安定柚子內心的力量，讓他在每一次的瘋狂（噴尿）之前，都能夠停下腳步多想幾秒，或許這樣的連結，也算是一種溫暖的壓制，如此一來，後宮的全面和平其實也是指日可待的。

擦屁屁很舒服喔……

阿瑪想要擦屁屁 / 王者的墮落

我是狸貓，因為現在後宮的房間比較多，每個房間對我自己
而言，都有不同的功能，臥室、剪輯室，還有畫漫畫的房間，
我會隨機出現在這幾間房間內，常常阿瑪一睡醒，就會巡邏
每間房間，站在門口大叫要我出來，有時候甚至不用叫，他
憑著房間內發出的聲響，就可以判斷我是在哪個房間，然後
直衝那房間敲門放聲吶喊。

有點舔不到……

先前阿瑪曾經有軟便的狀況,所以我們不定時就會幫阿瑪檢查屁屁乾不乾淨,畢竟屁屁很脆弱,一定得要多注意才行。一直以來,我都是以衛生紙沾溫水,幫阿瑪輕輕擦拭,剛開始阿瑪總是想逃,不願意乖乖讓我擦,但不知從何時開始,阿瑪竟然會主動要求擦屁屁,而且還算是個極度狂熱者。

有時候他敲門也不是為了找我,只是要提醒我:「該去擦屁股囉!」現在他見到我,都會一邊對著我叫,一邊往浴室走去,然後自顧自的倒在地板上,或翹起屁股,我就必須幫他服務完一整套(擦屁屁和肩頸按摩),若是沒有好好滿足他,他就會持續吵鬧不肯罷休。

▶ 阿瑪常常會坐在廁所往外大喊。

直到最近，阿瑪的擦屁屁成癮好像又變本加厲了，如果只擦不到一分鐘就結束，他是絕對不會願意離開浴室的，他會一直倒在原地大喊「狸貓！還不夠！朕還要！快回來啊啊！回來！！！」像這樣用魔音強迫我服務他……真的不知道是寵壞了，還是他本性就是如此呢？總之，阿瑪的屁屁，最近都是非常非常整潔乾淨，有時候說不定還會發亮呢！

所有貓都該愛擦屁屁啊！

後來我向志銘說明阿瑪這個狀況後，志銘認為我又在幻想阿瑪很愛我、很需要我了……「貓會想要人幫忙擦屁屁？怎麼可能？」於是我建議志銘，何不嘗試也幫阿瑪服務看看呢？說不定你也會被阿瑪需要喔？

於是，志銘體驗……

我是志銘，我只能說，只要是與貓咪相關的事，真的沒有什麼「一定會」的事，凡事真的都不要太早下定論。

狸貓第一次跟我說阿瑪愛找他擦屁股時，我只覺得他真是病得不輕，但又不忍苛責，怕傷害到他的自尊，沒想到講一次不夠，他後來還三番兩次對我傳教，說阿瑪真的很愛被他擦屁屁！我覺得這個笑話聽到有點膩了，依然不肯相信，而且一直在想，到底該怎麼樣才能讓狸貓認清事實。

直到有一次，阿瑪在我面前對著狸貓叫，狸貓見狀喜孜孜地說：「你看！他又想要了！」接著便帶著一抹意義不明的笑意走向浴室，我一轉頭發現，阿瑪還真的跟著走了進去，等到我也跟著進浴室後，我看見了難以置信的畫面，阿瑪的屁股翹得高高的，而狸貓正拿著衛生紙幫他擦屁屁！

什麼！阿瑪竟然主動抬高屁股！曾經那麼高傲守護自己屁屁的皇上，如今竟然墮落至此！不知道是不是我露出了太奇妙的表情或是反應，狸貓開始教我要怎麼樣才能擦到阿瑪的屁屁，要我下次好好練習看看。

因為從小到大的道德觀念，導致我一直覺得這是一件很失禮的事，即使對象換成了貓，也不能這樣這樣失禮吧？而且這貓可是地位崇高的貓皇上，怎麼可以這樣？他的屁屁是我們可以這樣隨便玩弄的嗎？

但每次狸貓擦完阿瑪屁屁後，都會問我一句：「阿瑪都不會這樣找你擦屁屁嗎？」然後展現出來一種同情的眼神，對比他那容光煥發的優越感，好像是在笑我：「你就是地位太低等，所以不像我可以這樣輕易碰觸到阿瑪的屁屁。」

狸貓……狸貓狸貓呢？

不要害怕，
擦就對了！

直到某天晚上，輪到我在後宮過夜，阿瑪又如往常到處在找狸貓，我一邊跟他說狸貓不在啦，一邊悠哉地看電視，突然！阿瑪停下了腳步，站在我面前並抬起頭來打量著我，接著發出一聲長長的、像是命令句型的話，好像是在說：「不如今天就交給你來吧……」咦！什麼？我當下有點不敢置信自己真的被欽點了，又有點懷疑自己真的能辦到嗎？但在這樣想的同時，又突然覺得自己好羞恥，「什麼？我現在是要幫除了自己以外的生物擦屁股了嗎？」在我思考的同時，阿瑪已經在浴室抬高屁屁，而我正在為他服務著……

原以為我會很不屑，或是羞愧到不敢對他人說出自己做了什麼事，但沒有，我一點丟臉的感覺都沒有，幫一隻貓擦屁屁的感受，竟然讓我獲得了前所未見的滿足感，彷彿我這一生，就是為了要來完成這個使命而活的！當我拍阿瑪屁股時，阿瑪邊抬起屁股，隨著我的拍打發出「喵喵喵喵喵～」的可愛叫聲，那種與皇上合而為一，完全征服皇上的感覺，真是讓人不捨停止，原來能幫上擦屁屁的忙，是這麼讓人愉悅的一件事啊！

完成整個療程之後，我迫不及待傳了訊息告訴狸貓：「我擦到了喔！」狸貓：「？」我：「阿瑪的屁股！」結果狸貓只是簡單的說聲：「喔！他自己找你的嗎？」「對呀。」然後話題就這樣中斷了。

先不論狸貓是不是意識到優越地位受到了挑戰，還是只單純吃醋不想多說什麼，但事實證明，貓咪對人的信任是可以與日俱增的，從前阿瑪討厭被碰屁股，到現在如此墮落的轉變，就能知道他與我們之間的信任感已經加深許多；同樣的，奴才對於主子的忠心，也是能隨著時間，慢慢變得能赴湯蹈火的（把擦屁屁比喻成赴湯蹈火到底是什麼概念？）

總之，希望大家都能持續與家中的主子培養默契，總有一天，或許也能發覺主子尚未被開發的開關，期待大家也都能找到與自己主子的獨特專屬親密互動喔！

阿瑪的反光便便 / 貪吃惹的禍

一如往常，阿瑪瘋狂叫喚著我（狸貓）去廁所幫他擦屁屁，我照慣例把他推倒、拉腿露菊，忽然看到一個不同以往的東西，屁屁上露出一小段大便，便便竟然反著光，沒想到阿瑪的便便竟然發光了，不對啊，大便怎麼可能反光，仔細一看，才發現便便上包著一塊半透明的塑膠材質物體。

「是吸管嗎？天啊！」我非常緊張，阿瑪有異食癖我不是第一天知道，但我不知道他竟然連吸管都想吃，這比去年吃耳塞更誇張，我不敢想像這如果要去動手術，會要怎麼治療。當下我先輕碰這塊物體，好險阿瑪沒什麼反應，雖然他還是像往常那樣大喊著，接著，我慢慢拉……慢慢拉……，試著不讓阿瑪感受到不舒服。

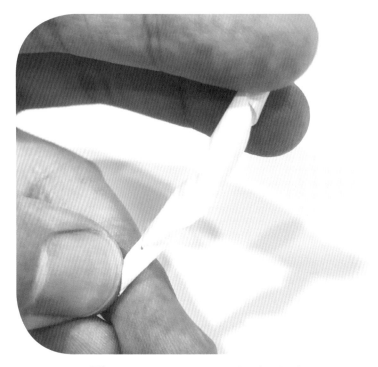

▶ 這是被便便包覆著的塑膠物（已洗淨）。

「咻……」拉出來了！還好只是一小段大便包著一小截塑膠物，並沒有纏住腸子，仔細一看……屁屁又出現了另一小段塑膠條，為了先搞懂那塊塑膠到底是什麼，我先把剛剛那塊便便跟塑膠物分離，發現這不是吸管，而是軟質類的塑膠片，還好它又薄又小，也有一些彈性，應該是不會讓阿瑪受傷。

因為阿瑪連紙箱的殘留膠帶都會吃，所以我們通常都會收拾得很徹底，照理來說，後宮應該沒辦法讓他找到塑膠啊。

我反覆端詳這塊塑膠，一直想不到是出自於哪裡的，我只好暫時先把這問題擱著，繼續把殘留的塑膠慢慢從阿瑪菊花拉出來，好險都是非常小塊的，阿瑪也沒有抗拒或慘叫，確認順利幫阿瑪排完後，我才開始著手調查這塊塑膠的來歷。

拉出來之後就肚子餓了呢！

那個東西不能吃嗎？
吃起來酥酥脆脆的欸！

那口感吃起來真的很不錯，可惜朕不能消化。

「你們知道這個塑膠是哪裡的嗎？」我問著後宮的小幫手們，但大家都認不出來，因為實在太小太碎了，我把整個後宮都翻遍了之後，才終於發現了塑膠的出處，原來，它是來自藏在廚房深處……某支逗貓棒上面的塑膠條。

這款逗貓棒上面有很多塑膠條，所以在揮舞的時候，會發出「沙沙沙」的聲音吸引貓咪，沒想到阿瑪連這個都有興趣，雖然我們真的太大意了，不該把逗貓棒遺留在他們可以觸摸得到的地方，但真的沒想到阿瑪的塑膠癖這麼嚴重，連逗貓棒都能吃，阿瑪真的是不得了的一隻貓啊！

在這個事件後，我們對塑膠的管理就更嚴格了，任何東西都要再三檢查過有沒有殘留的塑膠，任何有可能被吃下肚的塑料材質，都要被收拾到阿瑪碰不到的地方，也希望阿瑪以後要學聰明一點，知道什麼該吃，什麼不該吃啊！

三腳的安然自得 / 勇敢的每一天

自從三腳被確診為口炎，她就開啟了每天必須吃藥的生活，兩年來幾乎從不間斷，有時候看著她試圖閃躲卻又躲不過我們餵藥魔掌的模樣，就覺得既是矛盾又心疼無比。

我常常會想一個問題，面對自己的病情，三腳又會是怎麼想的呢？她的不舒服感有多難受？我們為她做的這些，包含餵藥或是清潔嘴巴，她真能知道我們是在做為她好的事嗎？

天天都要吃藥～
但我習慣了喔！

我們常常笑稱，三腳是後宮記憶力最差的貓咪，每次才剛餵完她吃藥，她馬上就能三秒忘掉，再馬上回到我們腳邊討摸，彷彿剛剛什麼都沒發生的樣子。但其實想來很難過，總覺得三腳水汪汪的眼神裡，其實什麼都知道，她知道我們是剛剛餵她藥的人，雖然很不想吃藥，但是可以靠在我們身上，可以陪著我們入睡，那就是更能使她安心的事了。

雖然現在的她似乎已經練就了吃藥的好本領，面臨每天被塞膠囊，面臨時不時的口腔發炎紅腫，她也還是若無其事的吃吃喝喝，過著每一天開心的生活。

▲ 即使被餵藥，依然還是撒嬌的三腳。

有時後看著她偏紅的牙齦，連醫師都會稱讚她真是個勇敢的小美女，我就知道，她一直以來所經歷的，其實是我們任何一個人都很難想像的辛苦。

多希望三腳的病情，有天真能完全康復，永遠不必再吃藥，也不必再背叛她的信任，以後我們只需要輕輕靠著彼此，安靜聽著彼此的呼吸聲睡著直到天亮就好。

嚕嚕的小天地 / 小霸王的差別待遇

在野外生活的貓咪，大多都是獨行俠，在正常情況下，通常會是各過各的，不太群聚在一起，也不太需要與別貓進行過多的社交活動，兩貓若喜歡彼此，自然就會聚集在一起，若不喜歡就分道揚鑣，不必強求；但住在人類家裡的貓咪可就不一樣了，他們必須一起生活在共同的空間裡，如果想要維持良好的秩序，自然就得發展出一套彼此間適用的生活公約與社交模式。

不過在這之前，必須先考慮的是彼此的地位，群體內每隻貓咪的地位高低，都可能影響了每隻貓咪的相處模式，與環境中的資源分配。

在後宮裡眾貓咪的地位，嚕嚕絕對是落在後段班，即使體重能與阿瑪不分軒輊、旗鼓相當，但在後宮的地位卻始終無法提升，位階無法提升的貓咪，就好像無法晉升位階的妃嬪，不只被旁貓瞧不起，也無法獲得大部分的資源。

從前在舊後宮裡，嚕嚕沒有屬於自己的位置，每次看到別的貓要來時，他就率先準備逃跑以避免紛爭，這樣的狀況一直到了現在的新後宮，才有了明顯的改變。

現在嚕嚕有了一個屬於自己的小地盤，大部分的時間，都是他自己獨享這個空間，在這房間裡，只有他才是老大，不論你在後宮的地位高低，任何貓進來這裡就都得聽他的，就連阿瑪也都得讓他三分。

在嚕嚕房裡的大部分位置都是嚕嚕的，若有哪隻貓想要進去，就必須看他的臉色，但其實嚕嚕也並不是真那麼難相處，在他的「房規」裡，存在著好多的例外。

透過觀察我們可以發現，嚕嚕並不是對每隻貓都那麼嚴格，若是柚子進嚕嚕房，嚕嚕心裡會很在意，卻又總是睜一隻眼閉一隻眼，不敢對柚子嗆聲找麻煩，而柚子每次進嚕嚕房，也都只是短暫的巡邏一周，好像只是在檢查每個設置的巡邏點有無異狀，而且如果他們在房內碰面，就明顯能看得出來柚子地位偏高，他總是像收保護費的黑道流氓一樣，擅闖民宅收取保護費，但民宅主人卻默不吭聲。

如果換成是女性朋友進來這個房間，像是三腳或是小花（招弟、Socles 幾乎沒進來過），嚕嚕會瞬間變成臉紅的大男生，不敢搭話就算了，還會呆若木雞，杵在原地動彈不得，面對這樣的男生，女生們通常也不知道該怎麼辦，就這樣男女雙方都坐在原地幾分鐘後，女生才無趣的決定離開。

面對大部分貓咪，嚕嚕都不太強勢，但唯獨阿瑪，與眾貓都不一樣。只要是阿瑪進到嚕嚕房，就一定得遵守嚕嚕訂下的規矩，在這裡，只要阿瑪跳到桌面上，嚕嚕就會激動的上前阻止，甚至有時候只是做了什麼奇怪的舉動、吃飯太大聲，或是無故發出不明噪音，都可能引起嚕嚕的暴怒，不過還好的是，現在嚕嚕的暴怒已經不再像從前那樣想置貓於死地，頂多只是上前碎念個幾句，若是阿瑪硬要嘴硬回話，嚕嚕就會再更激動的多罵幾句，但是老貓的體力畢竟不如往前，偏執的態度也不如過往那樣年輕氣盛，一觸即發的情緒，也很快就能煙消雲散了。

嚕嚕，這邊借朕睡一下喔！

如今，雖然嚕嚕比較少到其他空間，但這樣的生活對他而言，何嘗不是最完美的安排呢！擁有自己能安心的空間，在裡面當老大，吃飽睡暖還能有奴才專人服侍……說著說著都讓人羨慕起來了呢！

只要阿瑪不要太囂張，我也是可以跟他共處一室的！

阿瑪的管教 / 對柚子的懲罰

從前面的幾段篇章看來，年紀正值青壯年的柚子，似乎正在進行著征服整個後宮的宏圖大業，不論是舊後宮時期就開始的到處噴尿，或是到現在對所有環境的固定巡邏習慣，在在都表現出他對現階段地位的不滿足與向上的渴望。

然而同為一個多貓家庭裡的其他成員，一定也都能感受到柚子這樣的野心，面對柚子的不斷示威，原來的霸主阿瑪當然也都深有所感。

之前在舊後宮時，就時常見到阿瑪整天躲在臥室不願意走到客廳，當時也
正好是柚子噴尿最猖狂的時期，與林子軒醫師討論後，便猜想這可能就是
阿瑪想要退而求其次的淡出作法，當時一度覺得難過，想像一個霸主因為
自知年紀漸長、體力不如往常，因而決定放棄大片江山，只圖耳根清淨安
享晚年，就覺得好心疼，但是貓咪之間的強弱消長，真的是我們很難介入、
也沒必要干涉的自然發展。

原以為這樣的狀況到了新後宮會繼續惡化，柚子會越來越強勢，而阿瑪的地位會越來越低，所以當初規畫空間時，原以為以後阿瑪會挑選某一間房間久待，沒想到來了新家後，他卻扭轉了頹勢，往日的活力都回來了，一切彷彿就要東山再起。

從前阿瑪面對柚子時，本來就不曾表現出害怕，每次都是壓制住他大叫，柚子多半也沒太大反抗，而且通常沒過多久阿瑪就會自己離開；但自從搬來新家後，不知道是不是因為空間變大，使阿瑪不願意放棄所有領地，他再度常常以同樣的動作壓制柚子，但柚子卻有了不一樣的反應。

我跟阿瑪有達成某種秘密協議啦！

不知道是不是阿瑪的氣勢變強了，還是因為新家少掉太多從前舊後宮裡柚子到處噴尿造成的氣味，現在的阿瑪若是要再度壓制柚子，柚子是會連忙逃竄並且哀號求饒的，原本以為阿瑪的地位可能要一去不復返，竟然在我們還沒發現時，就默默拉回、平衡了。

或許這也像是我們的人生，總會有陰晴圓缺，也總會遇到起起落落，任何關係也不會有永遠的贏家或輸家，端看我們的努力與機運。現在的阿瑪、柚子、嚕嚕剛好成為了「一貓剋一貓」的三角關係，雖然很難讀懂其中的奧祕，但現在這樣，應該也是目前最完美的狀態，至於為什麼會演變至此，我想也只有他們自己才能真正了解吧！

阿瑪～～！

嚕嚕～～！

消失的粉紅肚肚 / Socles 與三腳失而復得的毛

其實人與貓之間，存在著很多共同之處，像是面對壓力的表現，有些人髮量會因此減少，甚至會造成禿頭的現象；換成在貓咪身上，當他們感受到壓力時，有的貓會過度理毛，這是一種緊張造成的紓壓行為，而這也是從前三腳與 Socles 的粉紅肚肚造成的原因。

摸我摸我！

心情好～啦！

剛搬家時，還願意在客廳逗留的 Socles。

以往看到她們這些過度理毛或是掉毛的現象，都有帶去醫院檢查，原以為只是環境髒污或是有過敏原的緣故，但是治療後也一直沒有很好的改善，粉紅肚肚依然是她們的招牌特徵。

直到這次搬了新家後，不知道是不是因為環境變寬敞，心情也跟著舒暢，她們的肚肚毛竟然都長出來了，雖然本來就知道「心情」可能是影響脫毛的重要因素之一，但如今真的改變了，我們卻也說不出，這段時間我們到底做了什麼改變，就好像如果一隻貓愛亂尿尿是因為心情不好，那想要改變他亂尿尿的習慣，就有太多面向需要同時考量，要像檢察官辦案般，一一針對案件抽絲剝繭，才有可能找出罪魁禍首，進而改善或解決。

這個杯子上面
竟然有變態！

說到造成三腳、Socles 壓力的來源，其實多半都是源自於與其他貓咪的相處吧。三腳早期剛來到後宮時，非常討厭公貓，只要遇到阿瑪或嚕嚕就會大聲咆哮，每次見到她，她都在生氣，整個房子充滿著她叫罵的怒吼聲；Socles 則是對所有貓咪都不滿意，而且特別討厭被別的貓接近，只要有貓想靠近她，她就會大聲斥責要他們離開，久而久之就變得比較神經質，常常動不動就覺得，是不是又有誰要靠近自己了，隨時處於警戒狀態。

其實後宮貓咪們排解壓力的方式各有不同，阿瑪會大口吃飯或是欺負別的貓，柚子則是胡亂噴尿，浣腸喜歡找別貓挑釁打架……然而三腳與 Socles 則是選擇最不傷害到別人的方式，默默透過理毛的方式來安慰自己。

還好現在她們已經各自找到最舒適的生活模式，至少我們不會再動不動就聽見她們的叫罵聲，也時常能看見她們自在的翻肚睡覺，這些都表示她們的壓力已經減少很多，也希望她們的粉紅肚肚都能從此正式走向歷史，不要再出現了。

Hi ~

Socles 的再次獨居 / 自由的渴望

還記得以前剛開始拍影片時，Socles 與大家同處在一個大空間裡，當時大家看起來和樂融融的模樣，乍看之下一團和氣，實際上卻是各自的明爭暗鬥。

後來我們將 Socles 隔離在當時的辦公室內，許多人都覺得她好可憐，認為我們把 Socles 隔離是很殘忍的行為。直到去年搬家，我們再度試著讓 Socles 待在外面四處遊走，整整一年下來，除了阿瑪與柚子偶爾會靠近她，害得她驚聲尖叫之外，其實也沒有發生什麼特別的災難。

這裡沒別隻貓！
我覺得很自在！

於是今年搬到這個新後宮，我們也讓 Socles 自由探索這整個屋子，當晚她就在客廳裡，找到了久違的浣腸箱，之後有好幾個月的時間，她都喜歡待在裡面睡覺，平時醒來的時間，她也會在客廳悠閒散步，看起來十分愜意。

但客廳終究是個貓咪出入頻繁的開放空間，有很多臭男生會時不時地出現在 Socles 眼前，這點一直讓她困擾與不安。某次 Socles 又在閒晃時，意外發現招弟竟不在大辦公室內（當時的招弟剛好喜歡跑到臥室睡覺，前後有將近一個月的時間都不在大房間裡頭），便決定進入踩點，進而打算罷占整個房間。

進來我這請
事先申請喔！

就在這個時候，招弟突然回來大房間了，就像是出門遠行的人，一回去卻發現有陌生人待在自己家，當然有點不開心，兩位女性經歷了幾次的小型鬥嘴較量後，Socles 再度找到了無貓知曉的祕境：大房間的浴室。

這個浴室幾乎沒有人會使用，更沒有貓咪會進入，待在裡面的貓就像是與世隔絕，看起來很孤單又可憐，一開始我們以為 Socles 是誤入這個空間，便趕緊解救她、把她抱出來，但過沒多久她就趁著開門的間隙飛奔回去，經過幾次反覆的來回之後，我們才終於確定，這是 Socles 斬釘截鐵的選擇，她就是愛這個無貓祕境，永遠不想離去。

再次選擇獨居生活的 Socles，因為變得放鬆自在，食欲與體重也就跟著直線上升，還常常翻肚睡到四腳朝天，與從前總是神經兮兮的她判若兩貓。有時 Socles 想找人的時候，她會在浴室裡叫個兩聲請我們打開門，不想被打擾時，就會自己默默地回去她的無貓祕境。

或許對 Socles 而言，空間大小一直不是生活品質的評斷重點，能不能放鬆做自己才是至關重要的選屋條件。身為奴才的我們若要讓主子們過得舒適開心，就更要懂得傾聽他們的內心，千萬別再用自己一廂情願的想法，強迫他們待在不適合的位置。

▲ Socles 在這隨時有被其他貓騷擾的危機。

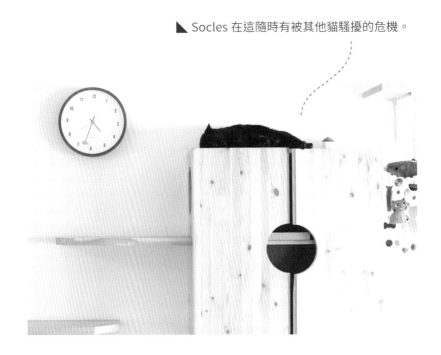

狸貓是不是在門外啊……？

浣腸的進化 / 愛的力量

在後宮的眾多貓咪之中，浣腸一直是較不親人的，但說到與別貓的相處上，他也沒有比較擅長，一直以來都是個比較不社會化的「爭執挑起貓」，喜歡對別貓挑釁，尤其是對阿瑪、招弟以及嚕嚕。

某天浣腸又在挑釁沉睡的嚕嚕，嚕嚕明明睡得很安穩，也沒礙著他，浣腸卻故意在他旁邊來回狂磨示威，狸貓見狀直接抱起浣腸，本來只是想把他們分開，並口頭勸說浣腸別再這樣使壞，但看著抱在懷裡的浣腸楚楚可憐的模樣，狸貓靈機一動便想，如果浣腸能透過訓練變得親人，是不是生活上會多了一些重心，就不會再那麼想挑釁別的貓呢？於是就展開了連續好幾日的抱抱訓練（詳情請見 YT 影片：浣腸抱抱訓練）。

芝麻開門！

努力學開門，永
不放棄的浣腸。

浣腸的抱抱訓練不只非常成功，還讓浣腸變成了極度黏狸貓的小可愛，這
樣的轉變完全超乎我們的預期，面對浣腸沒日沒夜的恐怖情人式情緒勒索，
對於在各個房間對每隻貓咪四處留情的狸貓，自然是完全吃不消。

浣腸變得容易患得患失，只要狸貓一離開，他就會起身來回踱步，並且出
聲對房門外吶喊，希望狸貓能盡快回來。但在別的房間捻花惹草的狸貓，
自然是不可能如他所願，總是讓他等到望眼欲穿，卻遲遲無法與狸貓相見。

原以為總有一天浣腸能習慣，與外頭貓咪分享狸貓的事實，但很顯然他並
不甘示弱，「既然狸貓不回來，那我自己想辦法去找他！」於是浣腸開始
觀察大家出入房門的方式，鑽研門把轉動的角度，在多少個無人的夜晚，
他努力嘗試並增強自己的臂力，終於！皇天不負苦心貓！在某個志銘留宿
的夜晚，浣腸成功了！

沒錯，聽起來有點諷刺，辛苦了那麼久，打開門見到的，卻不是思思念念
的那個人，而是那個愛剪他指甲的志銘，真的是造化弄貓，有夠悲慘！而
且隔天我們馬上找到了房間門的鑰匙，浣腸的開鎖計畫雖然成功，卻無法
再有施展的機會。

o4

被口炎困擾的後宮生活

三腳嚕嚕的口炎近況

怎麼都沒辦法痊癒呢？

三腳的口炎 / 全口拔牙與後續用藥紀錄

自從 2018 年三腳發生口炎，這兩年來，我們與醫師們陸續討論各種治療方式，最初以類固醇治療，雖然在很短的時間內就有了好的效果，卻引發了暫時性的高血糖與高血脂，之後便調低了類固醇的劑量，也曾加入中藥的治療，後續更改成以免疫抑制劑為主，搭配一錠護、口樂等保健品塗抹的治療方式，但是治療的過程，三腳嘴巴的狀況卻仍然是反覆再三，始終無法完全停藥。

因為口炎的關係，三腳的牙齒也依據不同部位的發炎狀況，陸續做了拔牙手術，之所以不一次全部拔掉，是因為秉持著完好的牙齒就還是盡量留下來的原則，可惜每一階段的拔牙後，都始終無法使口炎有更好的改善，直到今年中，三腳已經完成了全口的拔牙。

▲ 醫生為三腳治療中……

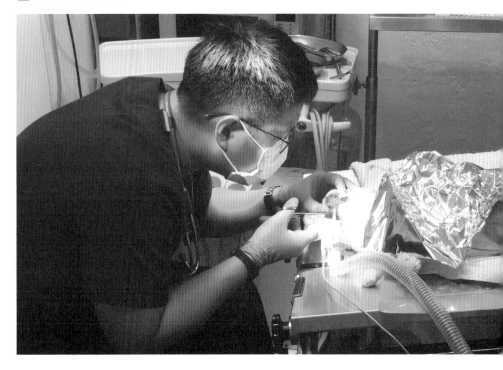

其實貓咪的全口拔牙，並沒有想像中恐怖，許多貓咪就算是牙齒健康的狀態，進食咀嚼時也不會用到牙齒，三腳就是如此，他們多半以吞食的方式來吃東西，因此全口拔牙並不會對進食產生太多不便。

不過全口拔牙後的這半年來，三腳的口炎狀況也不如預期的好，一般來說，口炎貓全口拔牙後，多半都能有很好的改善，許多貓甚至可以不必再吃藥，但三腳全口拔牙後，卻仍然持續紅腫，也還是一直需要靠藥物來控制病情。

因為對類固醇的不耐受，所以三腳的藥物必須搭配定期的血檢來隨時做調整，除了低劑量的類固醇外，也需要偶爾停藥，並搭配食欲促進劑，以避免血糖異常上升。

直到近期，類固醇藥物再度停藥，醫師建議再次嘗試使用口樂來輔助（兩年前就使用過，但當時沒什麼效果）沒想到這次使用的效果竟出奇的好，目前已經好一陣子沒看到三腳流口水的模樣，真是令人振奮的病情改善，只希望這次的好轉能夠持續下去，但願有天三腳真能擺脫口炎的折磨。

嚕嚕也口炎了？

/ 再度復發的口炎症狀

其實早在兩年前，三腳第一次為了嘴巴不舒服而看診時，嚕嚕就已經同行前往，當時嚕嚕也同樣是為了口炎的症狀而去，只不過那時嚕嚕服用了類固醇藥物後，就迅速完全康復，之後也一直沒再復發。

直到最近，因為天氣突然變得很冷，嚕嚕先是有了一些上呼吸道的症狀，後來更連帶著出現了舔舌頭等口炎症狀，也同時影響了他的食欲。

我竟然也……

不過還好經過治療後，目前只靠低劑量類固醇，就足以控制住他的病情，生活上也沒有造成太多不便，只希望接下來嚕嚕的病情能持續穩定，那麼應該很快就能完全停藥了。

志銘多陪陪我，
一定很快痊癒。

05 奴才與小幫手

今年也是好辛苦啊！

妙妙妙私訊（五）

此章節為收錄網友們在臉書和 IG 的奇妙私訊，我們萬萬沒想到這個章節，竟然能做到第五集，真的很不可思議，代表還有好多好多人對我們有疑問呢（？）

奴才與小幫手，每天都會抽出時間來回覆網友的需求，大部分是在幫忙 PO 貓咪送養文、協尋文，以及回答一些比較基本的問題，比如說：「阿瑪是什麼品種的貓？」、「你們有幾隻貓？」、「貓咪要吃什麼？」、「我想養貓該去哪找？」、「我媽不讓我養貓怎麼辦？」諸如此類的問題……這幾年來，我們還是秉持著耐心，一一回覆著已經回覆過上百遍的問題，希望可以幫助到他們，但偶爾還是會收到比較奇怪的提問，而這些提問，就都被我們收錄到這裡來了。

今年收錄的篇數比去年少，某方面也代表我們的教育成功了（？），大部分的觀眾都不會再問太奇怪的問題了，每本書的妙妙妙私訊都會被我們編號，這本則是從 123 號開始，請大家可以抱持著愉快的心情閱讀，記得不要太嚴肅喔，準備好心情……就翻開下一頁吧！

子民　我有一個問題，請問阿瑪變成人的樣子會長怎樣？【笑死】拜託一定要回我

 會長得跟人一樣

子民　那會很帥嗎？

子民　現在有空聊天嗎？

 沒有

子民　你10週年紀念店在哪裡？

 華山文創園區

子民　

是桃園還是忠孝新生的？

 台北

子民　請問這個帳號是由阿瑪親自經營的嗎？

 當然

【123】不知道為什麼有人想看到阿瑪變人的樣子，你們都在幻想什麼？

【124】對不起，朕很忙，忙著請奴才幫朕擦屁屁。

【125】活動已結束，大家不要白跑一趟喔，謝謝去過的子民們！

【126】這本書也是朕親手寫的喔。

子民　嗨

你好

像皇上請安

都不回

喔

嗨

都不回!

【127】"向"皇上請安,錯字請罰寫!

【128】幫任何忙?不如你就來幫朕擦屁股吧。

【129】小花年紀雖小,但身材可不小,目前已經比很多貓巨大了,真令人堪憂。

子民　幫我推頻,拜託,我會幫任何忙,幫忙什麼都可以(跪求

去跟爸媽說我愛你 然後kiss他們的Lips

子民　小花是後宮最小的嗎?

是喔～

子民　跟我猜的一樣

子民　可以多分享有關你自己的資訊嗎？

我最喜歡的貓是柚子

可以給我柚子與招弟的圖片嗎？

子民　嗯～可以給我柚子的貓咪嗎？

 不要

【130】記得不要讓貓咪戴用柚子做成的帽子喔，柚子帽對貓咪來說太刺激了喔！

【131】認真的大讚！

子民　阿瑪是胖子

可以認真的回我嗎？

子民

帶了一個阿瑪回家

但這不是朕耶

是三腳娘娘啊！！！

子民　我能看浣腸嗎？

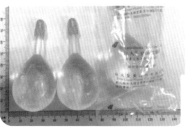

子民　哈囉

你好嗎？？

 衷心感謝

【132】竟然被認錯貓了，朕好難過……

【133】浣腸藥的詳細使用方式，請上網自行查詢，朕不好意思給太多的建議。

【134】這是一段帶有旋律的文字，看得懂又能唱出來的人，你們……好（不敢得罪人），不懂的人請搜尋關鍵字：我們這一家。

子民 欸欸

怎麼又已讀不回

QAQ

兩天後

子民 又已讀不回

我快崩潰了

兩天後

 我慢了兩天回，崩潰了嗎？

子民 我想問一下簽書會可以帶自己的書去簽嗎？

還有 還有
貓咪們會去嗎？

【135】對不起，害你們崩潰了，但認真回覆，因為每天都有很多訊息要回覆，所以沒辦法馬上回覆，請各位多多體諒！

【136】雖然阿瑪有很多場簽書會，但阿瑪至今沒出席過任何一場，一方面是不想讓阿瑪太辛苦，另一方面是阿瑪想留在家裡睡覺。

 貓咪不會去哦

你的書!!

那我要跟你要簽名

子民 就是家裡的書啦
目前還沒出書哦～

貓咪們什麼時候會與粉絲們見面啊？

 夢中隨時都有舉辦，去夢中看

子民　阿瑪如果你去剃毛的話會看起來比較瘦喔

你的意思是朕很胖？？？？？

子民　是的沒錯

不要懷疑

來人啊～～～～～～

子民　嗨！！！

可以給我七隻貓的照片嗎？

可以嗎不行也沒關係

不讀不回

已讀了

也回了

【137】朕不懂為什麼要剃毛，剃完又會長出來，跟洗澡一樣，人類把自己弄濕然後又弄乾，不是浪費時間又沒意義嗎？

【138】七隻貓的照片，在粉絲團和 IG 上面都有很多喔，不要再來要了啦哈哈哈！

【139】錯字請罰寫！

子民　你瞞都不回我

們

子民　　浣腸為什麼鬥雞眼？

 因為他看不開

子民　　可是 怎麼看 都像你們耶～
　　　　背影 紅色外套 跟 藍色外套的
　　　　兩個人

 對啊快去打招呼！

【140】其實浣腸從小就這樣了喔，不可以笑他！

【141】狸貓奴才時常被認錯，每天都有上萬則訊息説在哪裡看到他，後來狸貓已經放棄解釋，都直接請對方去打招呼，這樣馬上就可以知道是不是狸貓本人了。

【142】後宮的所有事情，基本上都是祕密喔！

子民　　你現在在幹嘛？

 回你訊息

子民　　…………………………

　　　　柚子呢？柚子在幹嘛？？

 怎麼可以告訴你呢

子民　　回覆我吧回覆我吧

　我吧回覆我吧

子民　　嗨嗨！

　　　　可以不要理偶嗎？

　　　　我會傷心的　已讀

＋ 📞 ⚙ ✕

子民　　請問你們的貓都結紮了嗎？

　都結紮囉了喔

子民　　那狸貓呢？

【143】其實真的不知道他想要看到我們回什麼。

【144】已讀。

【145】狸貓目前還沒有這方面的經驗，不對，這個問題也太私人了，你這樣算性騷擾（蓋章）！

子民　　阿瑪

　　　　可以教我貓語嗎？

　你學不來的～～

　　　　還是朕說人語比較快!!

【146】喵喵喵喵喵！喵喵喵喵喵！喵喵喵喵喵！喵喵喵喵喵！喵喵喵喵喵！喵喵喵喵喵！

子民　　(T_T)

　　　　阿瑪教我啦！

子民　Emmm

　　　Hi？？

　　　I want your phone number

　AM 0:00 call 0000000000

子民　阿瑪

　　　可以打電話嗎？

　　　哈哈

　不要

　　　打電話，手會受傷

【147】大家可以試試看喔！朕也不知道會打去哪裡……！

【148】為什麼那麼多人想打電話給朕？朕不喜歡電話，朕喜歡吃肉！吃很多很多的肉！

【149】又一個想打電話來的人，變態變態變態變態！

子民　我可以看阿瑪嗎？

　　　我可以跟你講話嗎？（用電話）

　　　可以嗎？

　為什麼？

　　　但是我的電話放在墾丁海邊

子民　可以回我嗎？
　　　可以回我嗎？
　　　可以回我嗎？
　　　可以回我嗎？
　　　可以回我嗎？

　　　ʊ‿ʊ 你們都不理我，我要哭了！

　　　假的。

　　　嗚嗚嗚，你都回我！

　　欸

　　　回我

　　　不回我我要封鎖你

　　　封鎖了

【150】好啦，其實沒有封鎖你啦，開玩笑而已。

【151】鄭重聲明，阿瑪本貓不會去簽書會喔，但阿瑪的掌印印章會去！

子民　請問簽書會有規定什麼書嗎？？？

　　今年出的兩本哦～

　　　貓咪超有事 貓咪哪有那麼可愛 擇一

子民　我可以看阿瑪嗎？

　　　那可以拿什麼樣的書去簽呢？？？

　　看起來像書的書

志銘想說

氣象報告說今年的冬天是冷冬，好多國家都提早下了雪，再加上全世界此刻正在經歷的嚴峻疫情，就覺得世界末日是不是快要到來了？想到前陣子台北一口氣連下了好幾天的雨，正在擔心自己是不是快要發霉了的時候，天氣就忽然放晴了，而且湊巧的是，我們的新書也即將要完成了！

每年到了這個時候，就是我仔細回顧一整年的時間，綜觀這一年大家的變化，總能透過記憶的反覆審視，重新理出一些新的記憶，「啊！原來當時 Socles 是自己堅持要待在那個浴室的啊！」、「原來嚕嚕一直待在我的桌面，只是單純為了要陪我啊！好感人！」幸好有這個寫書的機會，我才能記錄下每一個寶貴的資訊，然後再把它們一併呈現給關愛後宮的每一個人。

希望跨越過 2020 的我們，不論是每一個人或是貓咪，在辛苦與努力之後，最終都能嚐到甜美的果實，但願接下來的日子，烏雲都能散開，我們一起乘著緩緩升起的陽光，走向美好的明天。

狸貓想說

如同志銘的心得,我們能有機會細數每年與後宮們的種種,記錄下來分享給大家,真的是件很幸福的事情。近來我們越來越忙碌,有越來越多在嘗試的事情,比如說:經營 Podcast、出阿瑪的第一本漫畫、製作阿瑪短篇動畫、拍攝日常影片、各式授權洽談,也許不是每件都做得很完美,但我們都很努力嘗試,希望給支持我們的人多點新鮮感,也希望跨出同溫層,讓更多人認識我們與阿瑪。

從阿瑪的第一本書出到現在,包含阿瑪的第一本漫畫,總共也八本書了,也辦過非常多場簽書會,簽過上萬本書、見過上千張的面孔,有些人會重覆出現,也有些人只見過一次,就再也沒見過了,這些真的都是很不可思議的旅程,若你是從第一本書就開始關注的人,你現在可能也邁入人生的下一個階段了,也許再過幾年,你會沒那麼多時間追阿瑪了,不過還是非常謝謝你們的支持,希望在你們的成長路上,阿瑪的生活和故事有療癒到你們,請記得阿瑪與你們曾經有過這一段美好的生命經驗,這或許能幫助到未來的你和你身旁的人,使他們也對動物友好、友善,那就是最棒的事情了,謝謝看到這裡的你……

黃阿瑪的後宮生活【等我回家的你】

作　　者／黃阿瑪；志銘與狸貓　　　總 編 輯／賈俊國
攝　　影／志銘與狸貓　　　　　　　副總編輯／蘇士尹
封面設計／米花映像　　　　　　　　編　　輯／高懿萩
內頁設計／米花映像　　　　　　　　行銷企畫／張莉滎・廖可筠・蕭羽猜

發 行 人／何飛鵬　　　法律顧問／元禾法律事務所・王子文律師
出　　版／布克文化出版事業部
　　　　　　台北市南港區昆陽街 16 號 4 樓
　　　　　　電話：(02)2500-7008 傳真：(02)2502-7676
　　　　　　Email：sbooker.service@cite.com.tw
發　　行／英屬蓋曼群島商家庭傳媒股份有限公司城邦分公司
　　　　　　台北市南港區昆陽街 16 號 5 樓
　　　　　　書虫客服服務專線：(02)2500-7718；2500-7719
　　　　　　24 小時傳真專線：(02)2500-1990；2500-1991
　　　　　　劃撥帳號：19863813；戶名：書虫股份有限公司
　　　　　　讀者服務信箱：service@readingclub.com.tw

香港發行所／城邦（香港）出版集團有限公司
　　　　　　香港灣仔駱克道 193 號東超商業中心 1 樓
　　　　　　電話：+852-2508-6231　　傳真：+852-2578-9337
　　　　　　Email：hkcite@biznetvigator.com
馬新發行所／城邦（馬新）出版集團 Cité (M) Sdn. Bhd.
　　　　　　41, Jalan Radin Anum, Bandar Baru Sri Petaling,
　　　　　　57000 Kuala Lumpur, Malaysia
　　　　　　電話：+603- 9057-8822　　傳真：+603- 9057-6622
　　　　　　Email：cite@cite.com.my

印　　刷／卡樂彩色製版印刷有限公司
初　　版／2021 年 01 月
初版 27 刷／2024 年 04 月
售　　價／350 元

城邦讀書花園　　布克文化